Norman Riedel

Die Böden der Erde

Überblick über die wichtigsten Bodentypen, ihre Eigenschaften und ihre räumliche Verbreitung

GRIN Verlag

Bibliografische Information der Deutschen Nationalbibliothek:

Die Deutsche Bibliothek verzeichnet diese Publikation in der Deutschen National-
bibliografie; detaillierte bibliografische Daten sind im Internet über http://dnb.d-
nb.de/ abrufbar.

Impressum:

Copyright © 2007 GRIN Verlag GmbH
Druck und Bindung: Books on Demand GmbH, Norderstedt Germany
ISBN: 978-3-640-30389-2

Dieses Buch bei GRIN:

http://www.grin.com/de/e-book/124783/die-boeden-der-erde

GRIN - Your knowledge has value

Der GRIN Verlag publiziert seit 1998 wissenschaftliche Arbeiten von Studenten, Hochschullehrern und anderen Akademikern als eBook und gedrucktes Buch. Die Verlagswebsite www.grin.com ist die ideale Plattform zur Veröffentlichung von Hausarbeiten, Abschlussarbeiten, wissenschaftlichen Aufsätzen, Dissertationen und Fachbüchern.

Besuchen Sie uns im Internet:

http://www.grin.com/

http://www.facebook.com/grincom

http://www.twitter.com/grin_com

Philipps-Universität Marburg

Fachbereich 19, Geographie

Sommersemester 2007

US Geomorphologie

Die Böden der Erde

Überblick über die wichtigsten Bodentypen, ihre Eigenschaften und ihre räumliche Verbreitung

von

Norman Riedel

5. Fachsemester

Fächer: Germanistik, Geographie, Geschichte (L3)

Gliederung

1. Bodenbildung (Pedogenese)

Bodenbildung ist die physikalisch, chemisch und eventuell auch biologisch bedingte Veränderung des Ausgangsmaterials durch die Einwirkung und Wechselwirkung von sieben Faktoren: Klima, Gestein, Landform, Vegetation, Bodentierwelt, Einwirkung des Menschen und die Zeitdauer.

Es besteht also ein enger Zusammenhang zwischen der Entwicklung der Böden und den geomorphologischen Prozessresponssystemen. Insbesondere bewirken die genannten Faktoren die Differenzierung des Ausgangsmaterials in sogenannte Bodenhorizonte (AHNERT, 1996: 112).

2. Bodenhorizonte

Bodenhorizonte sind das Ergebnis pedogenetischer Prozesse, die das Ausgangsmaterial verändern. Gekennzeichnet werden Bodenhorizonte durch ihre charakteristischen Merkmale wie Gefüge, Bodenart, Farbe oder Fleckung. Sie verlaufen in der Regel oberflächenparallel und zeigen über ihre vertikale Abfolge im Bodenprofil die Pedogenese auf. Außerdem bestimmen sie die typologische Zuordnung der Böden (GEBHARDT, 2007: 380).

Die Dicke von Bodenhorizonten ist sehr unterschiedlich, ebenso wie die Deutlichkeit ihrer Ausprägung. Man unterscheidet zwei Hauptklassen von Bodenhorizonten, die organischen Horizonte und die Mineralhorizonte (STRAHLER&STRAHLER, 2005: 510).

In der deutschen Klassifikation werden die Haupthorizonte mit einem Großbuchstaben und deren Teilhorizonte mit einem Kleinbuchstaben gekennzeichnet.

2.1. Organische Horizonte

Organische Horizonte liegen über den Mineralhorizonten und bestehen aus Akkumulationen von organischem, pflanzlichem und tierischem Material. In typischer Ausbildung besteht der oberste organische Horizont (L-Horizont) zum größten Teil aus Pflanzenmaterial (Blätter, usw.).

Unter dem L-Horizont liegt der Oh-Horizont, der aus veränderten Pflanzen- und Tierresten besteht. Das Material des Oh Horizont wird als Humus bezeichnet (h= humos). Es handelt sich dabei größtenteils um pflanzliche Gewebe, die zum Teil durch Mikroorganismen oxidiert worden sind. Der Prozess, durch den der Oh-Horizont gebildet wird, heißt Humifizierung (STRAHLER&STRAHLER, 2005: 510).

2.2. Mineralhorizonte

Mineralhorizonte bestehen vorwiegend aus anorganischer Mineralsubstanz und liegen unterhalb der organischen Horizonte. Die wichtigsten Mineralhorizonte sind der A-Horizont, der B-Horizont und der C-Horizont.

2.2.1. Der A-Horizont

Der A-Horizont ist der oberste Mineralhorizont. Der obere Teil des A-Horizont ist gewöhnlich reich an organischer Feinsubstanz und wird deshalb als Ah-Horizont (h= Humus) bezeichnet. In seinem tieferen Teil kann der A-Horizont ausgewaschen (eluviert) sein und wird dann als Al- (l= lessiviert, tonverarmt) bzw. Ae- (e= eluvial, ausgewaschen, sauergebleicht) Horizont bezeichnet (AHNERT, 1996: 111; STRAHLER&STRAHLRE, 2005: 511).

2.2.2. Der B-Horizont

Der B-Horizont folgt unter dem A-Horizont und wird als Anreicherungshorizont bezeichnet, in dem das vom A-Horizont ausgewaschene Material (Humus, Eisenoxid, Tonminerale) wieder abgesetzt worden ist. Durch die meist hohe Konzentration von Tonmineralen, Eisenoxiden und organischen Substanzen, ist der B-Horizont normalerweise weniger krümelig als der A-Horizont und kann dicht und zäh sein (AHNERT, 1996: 111; STRAHLER&STRAHLRE, 2005: 511).

2.2.3. Der C-Horizont

Der C-Horizont ist der tiefste Bodenhorizont. Er ist das Ausgangsmaterial der Bodenbildung und besteht aus Regolith, Sediment oder festem Gestein (AHNERT, 1996: 111).

In der nachfolgenden Tabelle sind weitere Horizonte dargestellt.

Tab. 1 Hauptsymbole der Horizontbezeichnungen

Organische Horizonte (> 30 Masse-% organische Substanz)	
H	aus Resten torfbildender Pflanzen (H von Humus)
L	aus Ansammlung von nicht und wenig zersetzter Pflanzensubstanz an der Bodenoberfläche (L von englisch litter = Streu)
O	aus Ansammlung starker zersetzter Pflanzensubstanz (soweit nicht H- oder L-Horizont; O von organisch)
Mineralische Horizonte (< 30 Masse-% organische Substanz)	
A	Terrestrischer Oberbodenhorizont
B	Terrestrischer Unterbodenhorizont
C	Terrestrischer Untergrundhorizont
P	Terrestrischer Unterbodenhorizont aus Tongestein oder Tonmergelgestein (P von Pelosol)
T	Terrestrischer Unterbodenhorizont aus dem Lösungsrückstand von Carbonatgesteinen (T von Terra)
S	Terrestrischer Unterbodenhorizont mit Stauwassereinfluß (S von Stauwasser)
G	Semiterrestrischer Unterbodenhorizont mit Grundwassereinfluß (G von Grundwasser)
M	Bodenhorizont aus sedimentiertem, holozänem, humosem Solummaterial (M von lateinisch migrare = wandern)
E	Bodenhorizont aus aufgetragenem Plaggenmaterial (E von Esch)
R	Mischhorizont, entstanden durch tiefgreifende bodenmischende Meliorations-Maßnahmen (R von Rigolen)
F	Subhydrischer Horizont am Gewässergrund mit in der Regel > 1 Masse-% organischer Substanz, soweit nicht H.

Quelle: STRAHLER&STRAHLER, (2005): 541

2.2.4. Teilhorizonte

Je nach ihrer Zusammensetzung und ihrer Entstehungsweise werden Horizonte in viele Unterarten und Teilhorizonte gegliedert. In der deutschen Terminologie werden beispielsweise über 30 verschiedene Typen von Horizonten identifiziert (AHNERT, 1996: 111).

Hier eine Auswahl der wichtigsten Teilhorizonte:

Tab. 2 Teilhorizonte

a	anmoorig, kombinierbar mit A
a	bei Absonderungsgefüge, kombinierbar mit H
b	gebändert, kombinierbar mit B
c	Sekundärcarbonat (u. | a. Lößkindel), kombinierbar mit H, A, B, C, T, S, G und M
d	dicht (wasserstauend), kombinierbar mit S
e	eluvial, ausgewaschen, sauergebleicht, kombinierbar mit A; naßgebleicht, kombinierbar mit S
f	vermodert, kombinierbar mit O
f	lockeres Gefüge, kombinierbar mit Bv der Lockerbraunerde
g	haftnässebeeinflußt, kombinierbar mit S
h	humos, kombinierbar mit O, A, B und G
i	initial (beginnend), kombinierbar mit F und A
j	fersiallitisch, kombinierbar mit B und C
k	konkretioniert, kombinierbar mit B, C und G
l	lessiviert, tonverarmt, kombinierbar mit A
m	massiv (pedogen verfestigt), kombinierbar mit Bs, bbs und G
m	vermulmt, kombinierbar mit H
n	neu, frisch, unverwittert, kombinierbar mit C
o	oxidiert, kombinierbar mit F und G
p	gepflügt, kombinierbar mit H und A
q	"Knickhorizont", kombinierbar mit S der Knickmarsch
r	reduziert, kombinierbar mit F, H und G
s	angereichert mit Sesquioxiden, kombinierbar mit H, G und B bei Podsolhorizonten
t	geschrumpft, kombinierbar mit H
t	tonangereichert, kombinierbar mit B
u	rubefiziert (ferallitisch), kombinierbar mit B und T
v	verwittert, verbraunt, verlehmt, kombinierbar mit B und C
v	vererdet, kombinierbar mit H und Oh
w	stauwasserleitend, kombinierbar mit S
w	zeitweilig grundwassererfüllt, kombinierbar mit F, H und G
x	biogen gemixt, kombinierbar mit A
z	Sekundärsalz (Leitfähigkeit > 0,75 mS/cm im Sättigungsextrakt), kombinierbar mit H, A

Quelle: STRAHLER&STRAHLER, (2005): 543

3. Die wichtigsten Böden der Erde (Zusammensetzung, Verbreitung, Qualität) Schwerpunkt: Die Böden der feuchten Mittelbreiten

3.1. Die Böden der feuchten Mittelbreiten

Nach der internationalen bodenkundlichen Union (IUSS) gehören die Schwarzerden (Chernozems), die Braunerden (Cambisols) und Parabraunerden (Luvisols), sowie die Podsols (Podzols) und Gleye (Gleysols) und Pseudogleye (Stagnosols) zu den meist verbreitetsten Böden der feuchten Mittelbreiten (GEBHARDT, 2007: 386-389).

3.1.1. Braunerde (Cambisols) und Parabraunerden (Luvisols)

Eine typische Braunerde hat das Profil Ah/Bv/C. Der geringmächtige dunkelbraune, humose A-Horizont geht nach unten über in einen Bv-Horizont. Der Bv-Horizont hat eine recht einheitliche Färbung, abhängig vom Ausgangsgestein, von hellocker bis rotbraun. Die Färbung ist auf die Verwitterung der in ihm vorhandenen Eisenoxidhydrate zurückzuführen. Dieser vorwiegend von Verwitterung statt von Anreicherung durch vertikalen Stofftransport geprägte B-Horizont ist ein Kennzeichen der Braunerde (STRAHLER&STRAHLER, 2005: 545).

Die Parabraunerde ist meistens aus der Weiterentwicklung einer Braunerde entstanden. Gekennzeichnet ist die Parabraunerde durch die Tonverlagerung (Lessivierung) aus dem A-Horizont in den B-Horizont. Die Verlagerung erfolgt durch die Abwärtsbewegung des Sickerwassers. Dementsprechend ist der A-Horizont tonarm, der B-Horizont hingegen mit Ton angereichert. Die Bodenpartikel im B-Horizont sind daher mit Tonhäutchen überzogen. Das typische Profil der Parabraunerde ist Ah/Al/Bt/C (STRAHLER&STRAHLER, 2005: 545).

Zusammen sind die Braunerde und die Parabraunerde die am weitesten verbreiteten Böden des gemäßigt- humiden Klimas in Mitteleuropa. Beide Bodentypen sind überwiegend Waldböden und sind an Lockersedimente bzw. Verwitterungsdecken gebunden. Braunerden treten vorzugsweise an Hängen und besonders in gröberen silikatreichen Solifluktionsdecken der Mittelgebirge und in Teilen der Deckgebirgslandschaften in den Vordergrund.

Parabraunerden hingegen treten vor allem in den süd- und westdeutschen Lösslandschaften und auf Sand-Kies-Gemischen der Beckenlandschaften auf. Desweiteren gibt es größere Braunerde- und Parabraunerdevorkommen in Nordamerika und Ostasien (STRAHLER&STRAHLER, 2005: 545; GEBHARDT, 2007: 389-391).

Die basenreichen Braunerden werden wegen ihrer Flachgründigkeit oder ihres hohen Steingehalts forstlich genutzt. Auch die weniger fruchtbaren basenarmen Braunerden dienen häufig als Waldstandort, doch lassen sie sich, bei ausreichender Düngung und Zufuhr von Wasser, auch sehr gut ackerbaulich nutzen. Parabraunerden, insbesondere die Lehm-Parabraunerden, gelten hingegen als günstige Ackerböden (SCHEFFER&SCHACHTSCHABEL, 2002: 497-500).

3.1.2. Podsol (Podzols)

Der Podsol besitzt unter einer Rohhumusauflage aus sich zersetzenden Pflanzenresten einen Ah-Horizont. Durch die Durchwurzelung, die Wasserbewegung und die Tätigkeit von Bodenorganismen enthält der Ah-Horizont sowohl mineralische als auch organische Bestandteile. Der Ah-Horizont ist gewöhnlich nur 10-20 cm mächtig und darunter folgt in aschefarbenem Hellgrau der oft mächtigere Ae-Horizont, aus dem die Sesquioxide von Eisen und Aluminium, Humusreste und eventuelle Tonpartikel ausgewaschen und abwärts transportiert hat. Die Farbe des Horizonts hat dem Bodentyp seinen Namen gegeben (russisch pod= darunter, sola= Asche) (AHNERT, 1996: 113).

Info Sesquioxide
Unter diesem Begriff versteht man Moleküle, die aus drei Atomen Sauerstoff und zwei Atomen eines anderen Moleküls bestehen. Es ist eine Sammelbezeichnung für Oxide und Hydroxide des Aluminiums, Eisens und Mangans.

Der B-Horizont ist beim Podsol durch intensive Illuviation (Einwaschung) und daher Anreicherung gekennzeichnet. Die Mächtigkeit des B-Horizonts beträgt selten mehr als 20cm. In seinem höheren Teil, dem Bh-Horizont, sind vor allem humose Bestandteile angereichert, weshalb er meist eine dunkelbraune bis schwärzliche Farbe hat. Unter dem Bh-Horizont liegt der Bs-Horizont genannte Anreicherungshorizont der Sesquioxide. Ist der Eisengehalt hoch, so kann die Anreicherung im Bs-Horizont zur Schließung der Poren und zur Bildung einer festen, wasser- und wurzelundurchlässigen Schwarte aus Sesquioxiden führen, dem sogenannten Ortsstein. In eisenarmem Material kann der Bs-Horizont hingegen weitgehend fehlen. Je nachdem, ob nur Bh, nur Bs oder beide vorhanden sind, spricht man von Humuspodsol (Ae/Bh/C), Eisenpodsol (Ae/Bs/C) oder Eisenhumuspodsol (Ahe/Ae/Bsh/C) (AHNERT, 1996: 113; STRAHLER&STRAHLRE, 2005: 546).
Die größten Podsolgebiete sind die Nadelwaldgürtel Kanadas, Skandinaviens und des nördlichen Russlands. In Mitteleuropa liegt das Hauptverbreitungsgebiet in den Altmoränenlandschaften des norddeutschen Flachlandes (AHNERT, 1996: 113; SCHEFFER&SCHACHTSCHABEL, 2002: 501).

Podsole gelten u.a. als die unfruchtbarsten Böden der Erde, weshalb Nadelwald und Heide als herkömmliche Arten der Nutzung vorliegen. Starke Düngungen, in neuerer Zeit, führten trotzdem zu einem produktiven Anbau von Hackfrüchten (GEBHARDT, 2007: 391; SCHEFFER&SCHACHTSCHABEL, 2002: 501).

3.1.3. Pseudogley (Stagnosols)

Pseudogleye sind Böden, in denen Zeiten der Staunässe mit Zeiten der Trockenheit alternieren. Die Pseudovergleyung findet statt, wenn unter einer relativ wasserdurchlässigen Bodenzone ein dichter und somit stauender Horizont folgt. Das Normalprofil ist Ah/Sw/Sd. Unter dem humosen A-Horizont liegt der stauwasserleitende und zeitweise stauwasserführende Sw-Horizont mit Merkmalen der Nassbleichung, einer Reduktion der Eisen- und Manganoxide als Folge der Stauwasserführung und des damit zusammenhängenden Sauerstoffmangels, sowie Merkmalen der Oxidation (Rostflecken) als Folge der zeitweiligen Austrocknung. Durch den Wechsel von Austrocknung und Nässe entstehen rostbraune, graue und schwarze Flecken in diesem Horizont. Unter dem Sw-Horizont folgt der wasserstauende Sd-Horizont, welcher Rost- und Bleichflecken aufweist (STRAHLER&STRAHLER, 2005: 547).

Pseudogleye sind weit (häufig aber kleinflächig) verbreitete Böden und treten sowohl in den kalt- und gemäßigt- humiden Klimagebieten, als auch in den wechselfeuchten Tropen und Subtropen auf. In Mitteleuropa sind sie weit verbreitet, vor allem in Lagen mit geringem Gefälle niederschlagsreicher Lößgebiete, wo sie oft mit Parabraunerden der steileren Hänge und Gleyen der benachbarten Senken eine gemeinsame Bodenlandschaft oder Catena (siehe Punkt 4) bilden (SCHEFFER&SCHACHTSCHABEL, 2002: 504; STRAHLER&STRAHLER, 2005: 547)

Pseudogleye sind besonders im Frühjahr stark vernässt und dadurch sauerstoffarm. Daher eignen sich Pseudogleye nicht für den Ackerbau, aber gut für die Wiesen- oder Waldnutzung (STRAHLER&STRAHLER, 2005: 547).

3.1.4. Gley (Gleysols)

Der Gley ist ein Boden, der vom Grundwasser beeinflusst wird. Die normale Horizontabfolge ist Ah/Go/Gr. Über dem 0,8-1m tiefen permanenten Grundwasserspiegel liegt der Go-Horizont mit zahlreichen Rostflecken. Die Rostflecken resultieren aus Eisenverbindungen, die im Grundwasser gelöst waren, von dort mit dem kapillaren Aufstiegswasser nach oben gelangt sind und im sauerstoffführenden Go-Horizont oxidiert wurden. Der unter dem

Grundwasserspiegel liegende Gr-Horizont hat eine graue, grauschwarze, graublaue oder graugrüne Farbe (STRAHLER&STRAHLER, 2005: 547).

Gleye zeichnen sich durch eine weite Verbreitung aus, meist aber nur in kleinflächiger Ausdehnung auf unterschiedlichen Gesteinen. Sie kommen in allen Gebieten mit hoch anstehendem Grundwasser vor (SCHEFFER&SCHACHTSCHABEL, 2002: 508).

Sie eignen sich am ehesten für die forstwirtschaftlichen Nutzung, insbesondere für Baumarten, die gut bei hohem Grundwasserstand gedeihen (Erlen, Weiden und Pappeln). Für die landwirtschaftliche Nutzung kommen sie, bei nicht zu hohem Grundwasserstand, als Wiesen oder Weiden in Betracht (SCHEFFER&SCHACHTSCHABEL, 2002: 508).

3.1.5. Schwarzerden (Chernozems)

Das normale Profil der Schwarzerde ist Axh/C(kc,c). Die Schwarzerde hat einen sehr humosen, über 40cm mächtigen A-Horizont, der durch Tätigkeit von Bodenorganismen stark durchmischt ist. Der C-Horizont besteht aus Lockermaterial, im typischen Fall aus Löß oder Lößlehm. Der untere A-Horizont und der obere C-Horizont sind in vielen Schwarzerdeprofilen miteinander verzahnt. Der B-Horizont fehlt, da die Schwarzerde in relativ trockenen Klimaten auftritt, in denen die Wasserbewegung im Boden nicht nur wie in feuchten Klimaten von oben nach unten gerichtet ist, sondern häufig auch in entgegengesetzter Richtung. Dadurch wird ein B-Horizont, in dem sonst eine Anreicherung stattfinden würde, verhindert (STRAHLER&STRAHLER, 2005: 545).

Die größten Schwarzerdegebiete befinden sich in den ungarischen, rumänischen, ukrainischen, russischen und kasachischen Steppen, sowie in den nordamerikanischen Prärien. Das bedeutendste Schwarzerdegebiet Mitteleuropas ist das Lößgebiet der Magdeburger Börde (STRAHLER&STRAHLER, 2005: 545; GEBHARDT, 2007: 390).

Der Nährstoffgehalt der Schwarzerde ist im Allgemeinen hoch und der Boden ist gut durchwurzelbar. Er kann erhebliche Niederschlagsmengen im oberen Meter des Bodens nutzbar speichern und während langer Trockenperioden für den Pflanzenwuchs zur Verfügung halten. Alle diese Eigenschaften machen die Schwarzerde zu einem der besten Ackerböden der Erde (STRAHLER&STRAHLER, 2005: 545).

3.2. Die Böden der feuchten Tropen/Subtropen und der Trockengebiete der Erde

In den feuchten Subtropen und Tropen laufen, wegen hoher Temperaturen und stärkerer Durchfeuchtung, Verwitterung und Mineralbildung sehr intensiv ab. Aus den gleichen Gründen ist auch die Organismentätigkeit im Boden und damit der Streuabbau intensiver, sodass trotz stärkeren Pflanzenwuchses und damit höherer Streuproduktion die Huminstoffgehalte dieser Böden häufig niedriger sind als in Mitteleuropa.

In den Trockengebieten ist die Versickerung von Wasser hingegen gehemmt, sodass Böden entstehen, in denen die Verwitterungsprodukte teilweise als leicht lösliche Minerale im Solum angereichert werden und so eine geringe Intensität der chemischen Verwitterung anzeigen (SCHEFFER&SCHACHTSCHABEL, 2002: 521).

Charakteristische Böden der Subtropen und Tropen sind die Roterden (Laterite) und die Rotlehme (Latosole), die man der Bodengruppe der Ferralsole (= stark verwitterte Böden) zuordnet. Ferralsole gelten als die unfruchtbarsten Böden der Welt und haben ihr Hauptverbreitungsgebiet in Äquatorialafrika und im Amazonasbecken.

Die weitverbreitetsten Böden der Trockengebiete sind steinige Rohböden (Leptosols), Sandböden (Arenosols) und Salzböden (Solonchaks). Das Haupverbreitungsgebiet dieser Böden liegt in Nordafrika, Süd-Westasien und Westaustralien, aber auch in den Wüstenregionen Nord- und Südamerikas (AHNERT, 1996: 113; GEBHARDT, 2007: 390-395).

4. Bodentypensequenzen

Bei annähender Konstanz eines Faktors der Pedogenese (oder mehrerer) können Bodentypensequenzen in Abhängigkeit von den übrigen Faktoren aufgestellt werden.

4.1. Reliefsequenz (Catena)

Die Karte „Böden der Welt" (siehe Präsentation) unterscheidet verschiedene Bodenzonen. Der Maßstab einer Weltkarte hat zur Folge, das beispielsweise in Mitteleuropa nur zwischen drei Bodentypen unterschieden wird (Podzols, Cambisols, Luvisols).Wenn man aber die Böden einer Region oder einer Lokalität darstellen möchte, braucht man einen größeren Maßstab, als den einer Weltkarte.

In Mitteleuropa gibt es natürlich mehr als drei Bodentypen. Außerdem sind Böden in einem hohen Maß selbst über kurze Entfernungen räumlich differenziert. Der Bodentyp auf dem Scheitel einer mäßig hohen Hügelkuppe kann beispielsweise ein ganz anderer sein, als der am unteren Hang derselben Kuppe, welcher sich wiederum häufig von dem Bodentyp im benachbarten Talgrund unterscheidet. Zusammen bilden diese verschiedenen, zueinander in einer bestimmten Lagebeziehung stehenden Bodentypen eine Catena (Bodenlandschaft).

In Abbildung 3 ist die reliefbedingte Bodenabfolge in einem Querschnitt einer asymmetrischen Delle im hessischen Bergland dargestellt.

Auf dem Hügel im Westen liegt ein Podsol (P), dann folgen nacheinander eine Braunerde aus Deckschutt (B), eine Pseudogley-Parabraunerde aus Lößlehm (SL), ein Pseudogley aus Lößlehm (S) und im Grunde der Delle ein Gley aus Lößlehm (G). Von dort steigt der Dellenhang nach Osten so steil an, dass sich wegen der Bodenerosionen auf dem Tonstein nur ein Ranker (O) (Ranker= flachgründiger Boden auf festem carbonatfreiem oder carbonatarmen Kiesel- und Silikatgestein = Rohboden) entwickeln konnte. Auf der Höhe im Osten befindet sich wieder ein Podsol.

Diese Bodenabfolge ist durch mehrere Ursachen bedingt. Auf den Erhebungen im Westen und im Osten befindet sich Sandstein, der wegen seiner Durchlässigkeit und Nährstoffarmut die Bildung von Podsol begünstigt. Die Abfolge von der Braunerde zum Gley ist hauptsächlich von der hangabwärts zunehmenden Verfügbarkeit von Bodenwasser verursacht, bis im Dellenboden der Grundwasserspiegel erreicht wird. Die Hangsteilheit auf der Ostseite der Delle, ist die Hauptursache für die Bildung des Ranker.

Solche lokale Vielfalt kann eine Weltkarte natürlich nicht zeigen, aber sie liefert zumindest die Leitböden einer Region (GEBHARDT, 2007: 390; STRAHLER&STRAHLER, 2005: 548-549).

Abb. 3 Bodenabfolge in einer asymmetrischen Delle

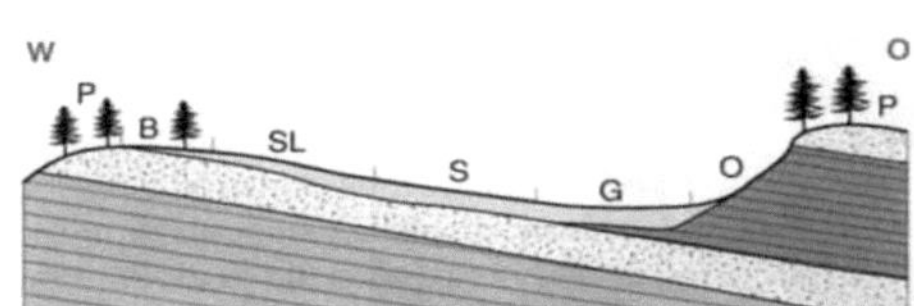

Abb. 24.8. Bodenabfolge in einer asymmetrischen Delle (Hessisches Bergland).
P Podsol aus Sandstein, B Braunerde aus bimstuffhaltigem Deckschutt, SL Pseudogley-Parabraunerde aus Lößlehm, S Pseudogley aus Lößlehm, G Gley aus Lößlehm, O Ranker aus Tonstein

Quelle: STRAHLER&STRAHLER, (2005): 549

4.2. Alterssequenz

Böden entwickeln sich im Laufe der Zeit weiter. In Abb. 4 sieht man eine solche Alterssequenz. Aus dem Gestein wird ein Rohboden, daraus entwickelt sich zunächst ein Ranker, dann eine Braunerde und schließlich ein Podsol (SCHROEDER, (1969): 94).

Abb. 4 Alterssequenz

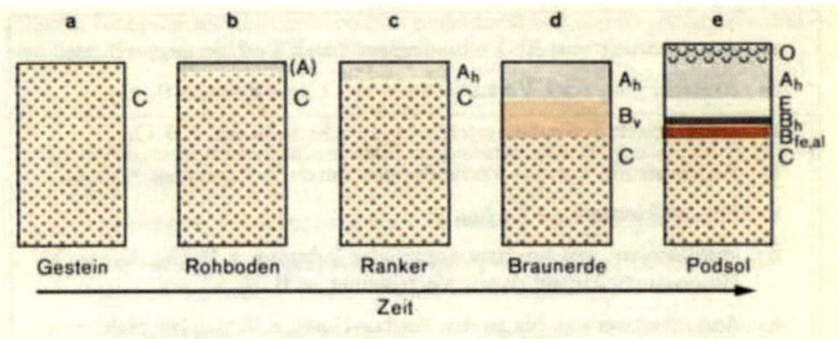

Quelle: SCHROEDER, (1969): 94

4.3. Klimasequenz

Auch das Klima hat Einwirkung auf die Entwicklung von Böden. In Abb. 5 sieht man, wie sich bei einem zunehmendem Feuchte-Index aus einem Rendzina-Ranker Boden, eine Schwarzerde entwickelt, die sich aber durch die zunehmende Feuchtigkeit nicht halten kann und sich zu einer Tschernosem-Braunerde-Lessive weiterentwickelt (SCHROEDER, (1969): 94).

Abb. 5 Klimasequenz

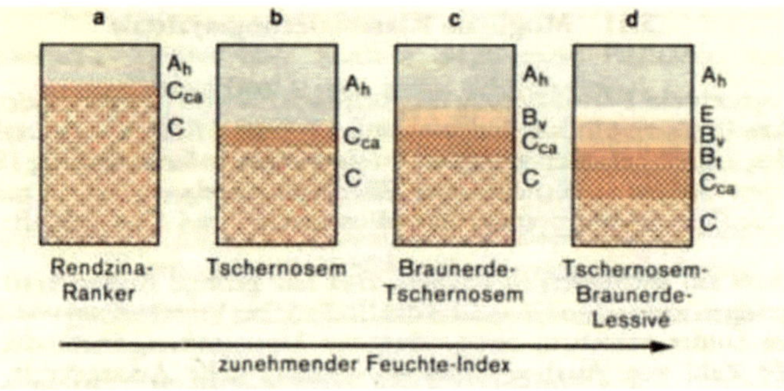

Quelle: SCHROEDER, (1969): 95

5. Literatur

- AHNERT, F. (1996): Einführung in die Geomorphologie. – 2. Auflage. Stuttgart.
- GEBHARDT, H., GLASER, R., RADTKE, U. & P. REUBER (Hrsg.) (2007): Geographie. Physische Geographie und Humangeographie. - Heidelberg.
- GOUDIE, A. (1995): Physische Geographie. – 4. Auflage. Berlin.
- SCHEFFER, F. & P. SCHACHTSCHABEL (2002): Lehrbuch der Bodenkunde. – 15. Auflage. Heidelberg.
- SCHROEDER, D. (1969): Bodenkunde in Stichworten. Kiel.
- STRAHLER, A. H. & A. N. STRAHLER (2005): Physische Geographie. – 3. Auflage. Stuttgart.
- ZEPP, H. (2004): Geomorphologie. Eine Einführung. – 3. Auflage. Paderborn.